AF360663

DICTIONNAIRE

DES

SCIENCES NATURELLES.

PLANCHES.

CRISTALLOGRAPHIE ET MINÉRALOGIE.

STRASBOURG, DE L'IMP. DE F. G. LEVRAULT.

DICTIONNAIRE

DES

SCIENCES NATURELLES.

Planches.

1.re PARTIE : RÈGNE INORGANISÉ.

CRISTALLOGRAPHIE.

PAR

M. BROCHANT DE VILLERS,

Membre de l'Académie royale des sciences de l'Institut.

MINÉRALOGIE.

PAR

M. ALEXANDRE BRONGNIART,

Membre de l'Académie royale des sciences de l'Institut.

PARIS,

F. G. LEVRAULT, LIBRAIRE-ÉDITEUR, rue de la Harpe, n.° 81;
Meme maison, rue des Juifs, n.° 33, à STRASBOURG.

1816 — 1830.

TABLE DES PLANCHES

DU

DICTIONNAIRE DES SCIENCES NATURELLES.

CRISTALLOGRAPHIE.

Explication des Planches relatives à l'article Cristallisation, *tome XI, page 430, et contenues dans le 10.ᵉ Cahier.*

Observ. Il a été impossible de disposer constamment les figures dans le même ordre que les parties du texte auxquelles elles ont rapport : d'abord, la nécessité de ne pas trop en multiplier le nombre a forcé de faire servir une même figure à l'éclaircissement de plusieurs faits; en outre, on a jugé qu'il étoit utile de réunir dans la même planche les figures qui ont plus de rapport entre elles, afin que le lecteur puisse les comprendre plus facilement.

Moyens de mesurer les angles des cristaux.

Formes dominantes des cristaux et des solides de clivage.

Numéros d'ordre.

Pl. III, fig. 16. Prisme quadrangulaire, à base oblique reposant sur une arête, avec sa projection horizontale.

17. Prisme du même genre, avec la condition qui produit le rhomboèdre obtus.

Pl. IV, fig. 18. Prisme du même genre, avec la condition qui produit le rhomboèdre aigu.

19. Rhomboèdre obtus | disposé verticalement, suivant son
20. Rhomboèdre aigu | axe, avec sa projection horizontale.

21. Octaèdre régulier, avec sa base ou coupe principale, et un de ses triangles.

22. Octaèdre à base carrée, aigu .. | avec ses deux coupes
23. Octaèdre à base carrée, obtus.. | principales et un de ses triangles.

24. Octaèdre à triangles scalènes, avec ses trois coupes principales et un de ses triangles.

25. Le même octaèdre, disposé verticalement sur un autre axe que dans la figure précédente.

26. Octaèdre à base rectangle, avec ses deux coupes principales et deux de ses triangles.

Pl. V, fig. 27. Espèce d'octaèdre, qui n'est qu'un rhomboèdre tronqué ....

28. Le même solide disposé suivant l'axe | avec sa projection
du rhomboèdre dont il dérive... | horizontale.

29. Passage de l'octaèdre régulier au rhomboèdre ....

30. Octaèdre régulier cunéiforme.
31. Le même solide, disposé comme un prisme.
32. Octaèdre à base rectangle, cunéiforme.
33. Le même solide, disposé comme un prisme.

34. |
35. | Octaèdre lamelliforme ou segminiforme.

Pl. VI, fig. 36. Prisme hexagonal régulier .... ..
37. Prisme hexagonal symétrique ....
38. Dodécaèdre rhomboïdal régulier, disposé sur un de ses axes joignant deux angles solides quadruples opposés .... | avec sa projection
horizontale.
39. Le même solide, disposé sur un de ses axes joignant deux angles solides triples opposés..........

40. Rhombe du dodécaèdre rhomboïdal régulier.
41. Dodécaèdre pentagonal symétrique, avec sa projection horizontale.
42. Face pentagonale du solide précédent.
43. Pentagone régulier (pour servir de comparaison avec le précédent).
44. Icosaèdre triangulaire symétrique, avec sa projection horizontale.
45. | Face triangulaire isocèle.... | du solide précédent.
46. | Face triangulaire équilatérale |

Pl. VII, fig. 47. Dodécaèdre triangulaire isocèle, avec sa projection horizontale.

Numéros d'ordre.

Pl. VII, fig. 48. Dodécaèdre triangulaire scalène .. ⎰ avec sa projection
49. Trapézoèdre .... ⎱   horizontale.
50. Face quadrilatère du trapézoèdre.

Modifications des formes dominantes.

Pl. VII, fig. 51. Biseau sur l'arête d'un prisme.
52. Biseau sur la base, correspondant à deux faces latérales.
53. Biseau sur la base, correspondant à deux arêtes latérales.
54. Biseau sur la base, dont l'arête est inclinée à l'axe.
55. Biseau sur la base, dont les deux faces sont diversement inclinées à l'axe.
56. Pointement à trois faces qui correspondent à trois faces non adjacentes d'un prisme hexagonal.
Pl. VIII, fig. 57. Pointement à quatre faces placées sur les faces latérales d'un prisme quadrangulaire.
58. Pointement à quatre faces placées sur les arêtes d'un prisme quadrangulaire.
59. Pointement régulier... ⎰ à six faces placées sur les faces
60. Pointement symétrique ⎱   d'un prisme hexagonal.
61. Pointement à six faces, terminé par une ligne. (C'est la figure 59 élargie.)
62. Biseau ayant son arête tronquée.
63. Double biseau sur la base d'un prisme.
64. Double pointement sur la base d'un prisme.
65. Anomalie dans la symétrie des modifications d'un prisme hexagonal. (*Tourmaline.*)
Pl. IX, fig. 66. Anomalie semblable qui produit un prisme triangulaire. (*Tourmaline.*)

Symétrie dans la disposition des modifications.
Passages à d'autres formes.

1.° *Sur le tétraèdre régulier.*

67. Passage à l'octaèdre régulier.
68. Passage au cube.
69. Passage au dodécaèdre rhomboïdal régulier.
70. Passage au trapézoèdre, par une modification combinée avec la suivante.
71. Passage au trapézoèdre, par une modification combinée avec la précédente.

2.° *Sur l'octaèdre régulier.*

72. Passage au dodécaèdre rhomboïdal régulier.
73. Passage au cube.
74. Passage à l'icosaèdre et au dodécaèdre pentagonal.
75. Octaèdre avec troncature sur tous ses angles, et biseau sur toutes ses arêtes.

Numéros d'ordre.

Pl. IX, fig. 76. Passage de l'octaèdre au trapézoèdre. (*Il ne paroît pas que cette forme, quoique possible, ait été encore observée.*)

3.° *Sur le cube.*

77. Passage du cube à l'octaèdre.

Pl. X, fig. 78. Passage du cube au dodécaèdre rhomboïdal.

79. Cube avec biseau sur toutes ses arêtes.

80. Le même solide, dans lequel les faces du cube n'existent plus.

81. Passage du cube au trapézoèdre.

82. Passage du cube au dodécaèdre pentagonal symétrique.

83. Passage du cube à l'icosaèdre symétrique.

84. Passage de l'icosaèdre au triacontaèdre.

85. Triacontaèdre.

86. Anomalie dans la symétrie des modifications d'un cube. (*Magnésie boratée.*)

4.° *Sur le dodécaèdre rhomboïdal.*

87. Passage du dodécaèdre rhomboïdal au trapézoèdre.

88. Passage du dodécaèdre rhomboïdal à l'octaèdre régulier.

89. Le cristal précédent, avec pointement sur les six angles solides quadruples.

5.° *Sur les rhomboèdres.*

Pl. XI, fig. 90. Rhomboèdre avec pointement à trois faces au sommet; passage à un autre rhomboèdre.

91. Rhomboèdre avec pointement à six faces; passage au dodécaèdre triangulaire scalène.

92. Rhomboèdre tronqué obliquement sur ses angles latéraux; passage à un autre rhomboèdre.

93. Rhomboèdre tronqué verticalement sur ses angles latéraux; passage au prisme hexagonal régulier.

94. Rhomboèdre tronqué sur ses arêtes supérieures; passage à un autre rhomboèdre.

95. Rhomboèdre avec biseau sur ses angles latéraux; passage à un dodécaèdre triangulaire isocèle.

96. Rhomboèdre avec biseau sur ses arètes supérieures; passage à un dodécaèdre triangulaire scalène.

97. Rhomboèdre tronqué verticalement sur ses arètes inférieures; passage au prisme hexagonal régulier.

98. Rhomboèdre avec biseau sur ses arètes inférieures; passage au dodécaèdre triangulaire scalène.

6.° *Sur plusieurs autres formes dominantes.*

Pl. XII, fig. 99. Prisme droit à base carrée, tronqué sur toutes ses arètes.

100. Prisme droit rectangulaire, tronqué sur tous ses angles, et diversement sur ses trois sortes d'arètes.

Numéros d'ordre.

Pl. XII, fig. 101. Prisme droit rhomboïdal; exemple de ses modifications.

102. Prisme hexagonal symétrique; exemple de ses modifications.

103.
104. } Prisme quadrangulaire, à base oblique reposant sur une arète ou sur une face; exemples de la symétrie
105. } de ses modifications.

106. Prisme hexagonal régulier, tronqué sur tous ses angles et sur ses arètes latérales.

107. Prisme hexagonal avec troncatures sur ses arètes latérales, et pointement à six faces sur la base.

Pl. XIII, fig. 108.
109. } Octaèdre à triangles scalènes; exemples de la symétrie
110. } de ses modifications.

111. Octaèdre à base rectangle; *idem.*

112. Dodécaèdre triangulaire isocèle; *idem.*

113. Dodécaèdre triangulaire scalène, *idem.*

Théorie de la structure des cristaux.

114. Octaèdre régulier, inscrit dans un tétraèdre régulier, produit par le prolongement de la moitié de ses faces.

115. Dodécaèdre triangulaire isocèle inscrit dans un rhomboèdre, produit par le prolongement de la moitié de ses faces.

116. Exemple des moyens que l'on peut avoir de déterminer les élémens d'une forme primitive rhomboèdre. (*Tiré de la chaux carbonatée.*)

Pl. XIV, fig. 117. Exemple d'un décroissement de molécules par une rangée sur une arète.

118. Dodécaèdre rhomboïdal, produit sur un cube par un décroissement par une rangée sur toutes les arètes.

119.
120. } Représentation des lames supérieures successives de la
121. } fig. 122.

122. Exemple d'un décroissement de molécules par une rangée, sur l'angle d'un cube.

123. Cube, composé de lames parallèlement à toutes ses faces. (*C'est le même solide qui sert de base aux six figures précédentes et à la suivante.*)

124. Coupe du cube précédent, avec indications de plusieurs espèces de décroissemens.

Pl. XV, fig. 125.
126. } Parallélipipèdes primitifs, dont les faces, arètes et angles portent les lettres adoptées par M. Haüy, dans sa méthode représentative des divers décroissemens qui ont produit les faces d'un cristal secondaire.

127. Parallélipipède primitif, avec les triangles mensurateurs qui servent à calculer la valeur des décroissemens, etc

Numéros d'ordre.

Hémitropies; groupes réguliers.

Pl. XV, fig. 128. } Octaèdre régulier avec une coupe destinée à expliquer
          129. } l'hémitropie représentée par la figure suivante.

          130.   Exemple d'hémitropie dans l'octaèdre régulier. (*Tiré du spinelle.*)

          131.   Cristal simple de la figure suivante.

          132.   Exemple d'hémitropie dans un prisme rectangulaire à base oblique reposant sur une face. (*Tiré du feldspath.*)

          133.   Cristal simple de la figure suivante

          134.   Exemple d'hémitropie dans un prisme rhomboïdal à base oblique reposant sur une arête. (*Tiré de l'amphibole.*)

Pl. XVI, fig. 135. } Divers modes d'accolement de deux octaèdres réguliers,
          136. } destinés à indiquer la manière dont on peut concevoir la formation des hémitropies.

          137.   Forme primitive de l'arragonite (octaèdre à base rectangle), avec sa projection horizontale.

          138. }
          139. } Exemple de groupemens réguliers, les axes des cristaux groupés étant parallèles. (*Tirés de l'arragonite.*)
          140. }

          141.   Exemple de groupemens réguliers, les axes des cristaux groupés étant parallèles. (*Tiré de l'harmotôme.*)

          142. } Exemples de groupemens réguliers avec croisement des
          143. } axes. (*Tirés de la staurotide.*)

TABLE DES PLANCHES

D U

DICTIONNAIRE DES SCIENCES NATURELLES.

MINÉRALOGIE.

Explication des Planches relatives à la théorie de la formation des agates et silex en nodules, insérée dans l'article Silex, *tome XLIX, page 172, et Cahier de planches n.° 59.*

Numéros d'ordre.

Pl. I, fig. 1. Nodule ovoïde d'agate d'Oberstein, faisant voir une des formes dominantes de ces nodules et les orbicules siliceux de sa surface.

2. Portion d'aphanite ou spilite, montrant les nodules d'agate qui y sont engagés, et les cristaux de quarz qui en tapissent quelquefois la cavité.

3. Nodule amygdalaire d'agate d'Oberstein.

Pl. II, fig. 1. Portion de nodule d'agate montrant la succession des zones de diverses couleurs, qui le composent depuis son écorce jusqu'à son centre.

2. Exemple d'agate onix, remarquable par le nombre, le parallélisme et la finesse des zones qui la composent. (Tiré de la collection du Muséum royal d'histoire naturelle.)

Pl. III, fig. 1. Portion d'aphanite brun, passant au spilite, montrant en petit la disposition des nodules sphéroïdaux d'agate, leur structure à couches concentriques et l'altération de plusieurs d'entre eux en calcédoine opaque (d'Oberstein).

2. Échantillon de silex calcédonieux des environs de Coulommier, montrant la silice étendue comme une membrane sur les sommités des mamelons. (Décrit page 182 du tome XLIX.)

Pl. IV, fig. 1 et 2. Nodules d'agate, montrant en *a* le canal fig. 1, ou l'ouverture fig. 2 d'introduction de la matière siliceuse, colorée dans l'intérieur des nodules.

3. Nodule creux d'agate d'Islande, montrant la matière siliceuse en dépôt plus épais à la partie inférieure *b.* que vers la partie supérieure *a* de ce petit nodule amygdalaire. Voyez tome XLIX, page 175.

Numéros d'ordre.

Pl. V. Disposition des couleurs dans les agates.

Fig. 1. Agate ponctuée.

2. Agate tachée.

3. Agate œillée.

4. Agate œillée, montrant en *a* que les zones circulaires sont la coupe transversale des surfaces différentes et successives des concrétions cylindroïdes ou stalactites siliceux, agrégés et réunis par suite de leur accroissement.

5. Coupe transversale d'une masse d'agate, composée de stalactites cylindroïdes, hérissées de cristaux de quarz et réunies par une pâte générale d'agate très-vivement colorée.

6. Agate montrant en *a* des fissures comme resoudées ou des filamens rectilignes, qui semblent avoir eu une action particulière sur la matière colorante qui les avoisinoit.

Pl. VI. Plusieurs exemples d'orbicules siliceux, mentionnés et décrits page 178.

Fig. 1 et 2. *Gryphæa arcuata* des environs d'Alais, couvert d'orbicules siliceux, vus à la loupe et figurés séparément en 1 *a* et 2 *a*.

La figure 1 présente en *b* un canal en demi-cylindre, évidemment dû à un ver marin lithophage. Les orbicules 1 *a* du bord inférieur de ce canal suivent les contours de ses parois.

3. *Gryphæa*, avec les mêmes orbicules moins sentis.

4. *Gryphæa columba*, avec des orbicules plus déprimés, plus délicats, plus nombreux, entrant dans le test de la coquille.

3 *a* et 4 *a*. Développement de ces orbicules.

Pl. VII. Autres exemples d'orbicules siliceux.

Fig. 1 et 1 *a*. Petits orbicules sur une térébratule lisse, dont le test étoit presque entièrement siliceux.

2 et 2 *a*. Orbicules sur une térébratule striée, dont le test étoit resté calcaire.

3. Orbicules sur une portion de *Pecten* de la glauconie sableuse : ils sont très-déliés.

4 et 4 *a*. Orbicules sur un spatangue.

5 et 5 *a*. Orbicules superficiels sur un morceau d'agate commune noirâtre.

TABLEAU INDICATIF

DES FIGURES

Relatives à l'article Cristallisation.

Observ. Il a été impossible de disposer constamment les figures dans le même ordre que les parties du texte auxquelles elles ont rapport : d'abord, la nécessité de ne pas trop en multiplier le nombre a forcé de faire servir souvent une même figure à l'éclaircissement de plusieurs faits ; en outre, on a jugé qu'il étoit utile de réunir dans la même planche les figures qui ont plus de rapport entre elles, afin que le lecteur puisse les comprendre plus facilement.

Moyens de mesurer les angles des cristaux.

PL. I. fig. 1. Goniomètre ordinaire de Carangeot, à demi-cercle fixe.

2. Alidades . . } du Goniomètre ordinaire, à demi-cercle libre.
3. Demi-cercle }

PL. II. 4. Goniomètre à réflexion.

5. Construction pour démontrer les résultats de l'emploi des goniomètres à réflexion.

6. { Constructions géométriques destinées à faire connoître comment on mesure l'angle dièdre d'un cristal par réflexion
7. { avec le cercle répétiteur ordinaire.

8. Goniomètre à réflexion du docteur Wollaston.

Formes dominantes des cristaux et des solides de clivage.

PL. III. 9. Tétraèdre régulier, avec sa projection horizontale.

10. Cube, avec . . . . *idem.*

11. Prisme droit à base carrée, avec . . . . *idem.*

12. Prisme droit à base rectangle, avec . . . *idem.*

13. Prisme droit rhomboïdal, avec . . . . . *idem.*

14. Prisme quadrangulaire, à base oblique non symétrique avec . . . . *idem.*

15. Prisme quadrangulaire, à base oblique reposant sur une face, avec . . *idem.*

16. Prisme quadrangulaire, à base oblique reposant sur une arète, avec . . . *idem.*

17. Prisme du même genre, avec la condition qui produit le rhomboèdre obtus.

Modifications des formes dominantes.

Symétrie dans la disposition des modifications. Passages à d'autres formes.

1.° *Sur le tétraèdre régulier.*

2.° *Sur l'octaèdre régulier.*

Théorie de la structure des cristaux.

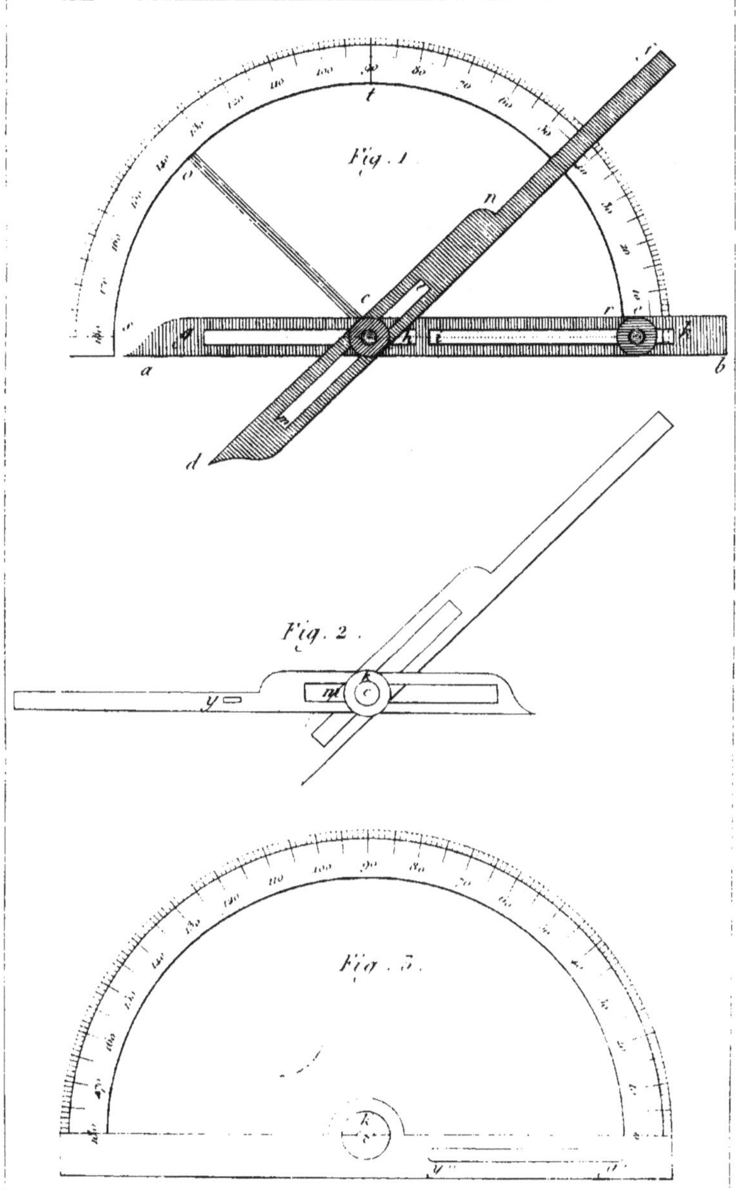

Fig . 1 .
Fig . 2 .
Fig . 3 .

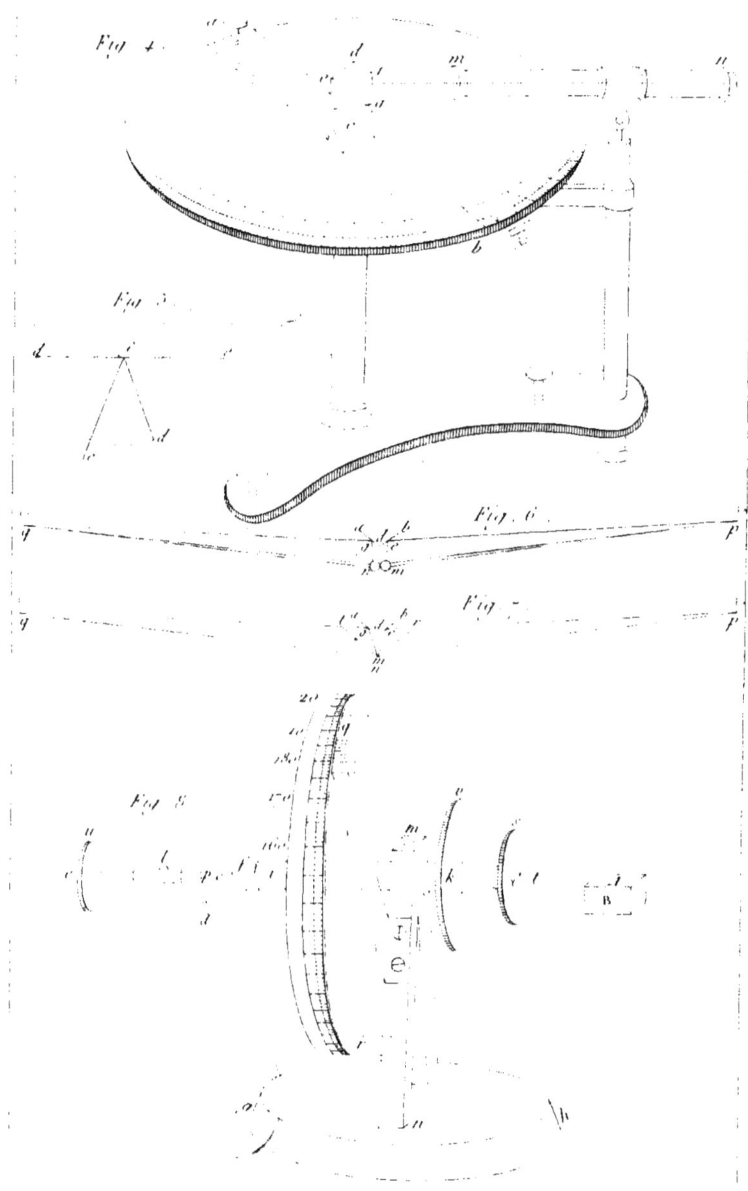
Fig. 4.
Fig. 5.
Fig. 6.
Fig. 7.
Fig. 8.

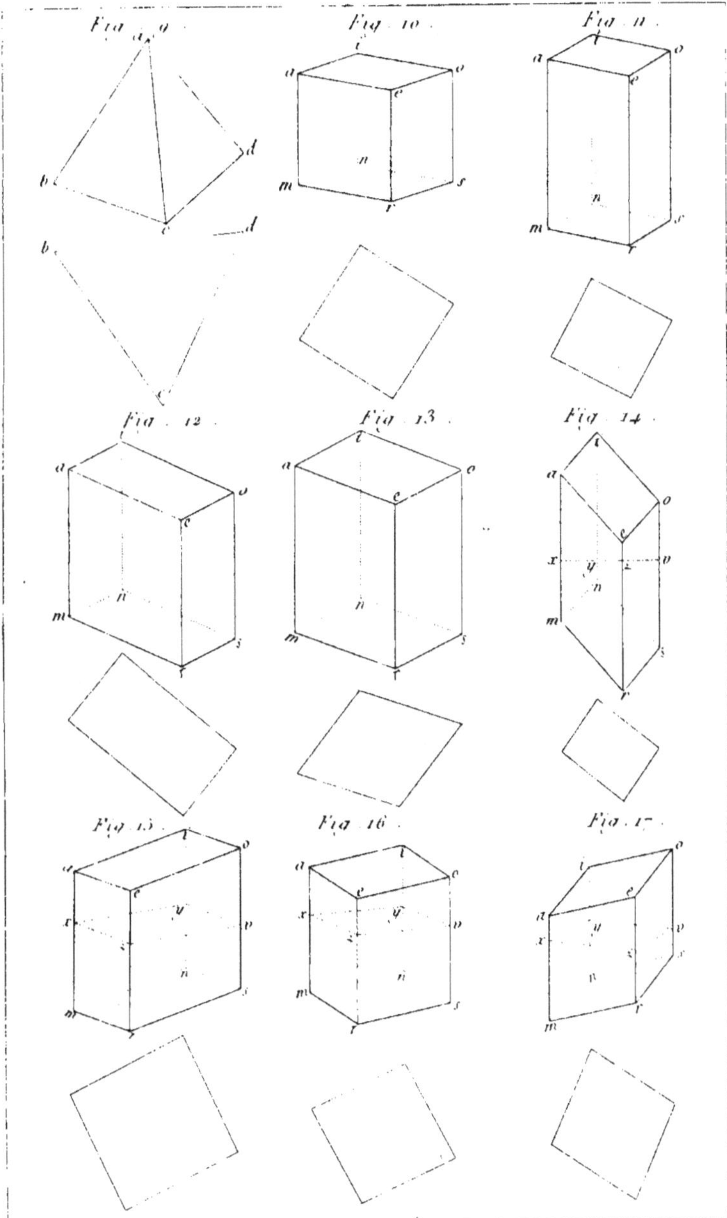

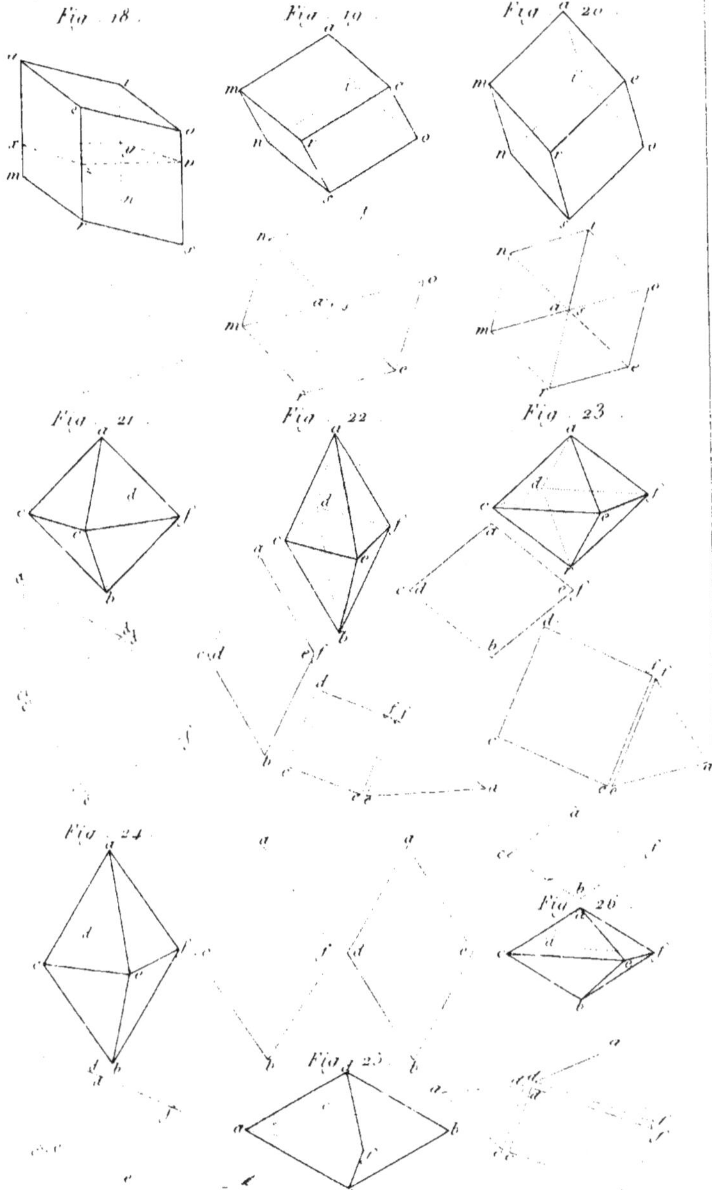

Fig. 18.
Fig. 19.
Fig. 20.
Fig. 21.
Fig. 22.
Fig. 23.
Fig. 24.
Fig. 25.
Fig. 26.

Fig. 27.

Fig. 28.

Fig. 29.

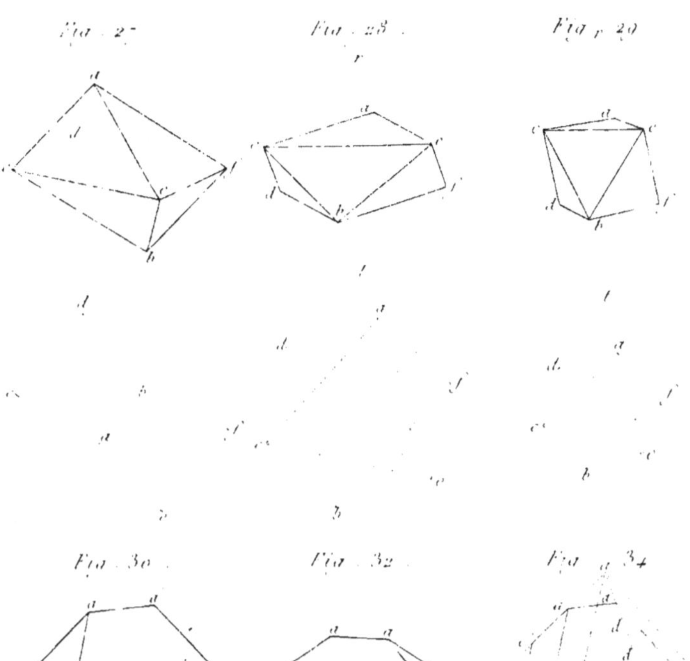

Fig. 30.

Fig. 32.

Fig. 34.

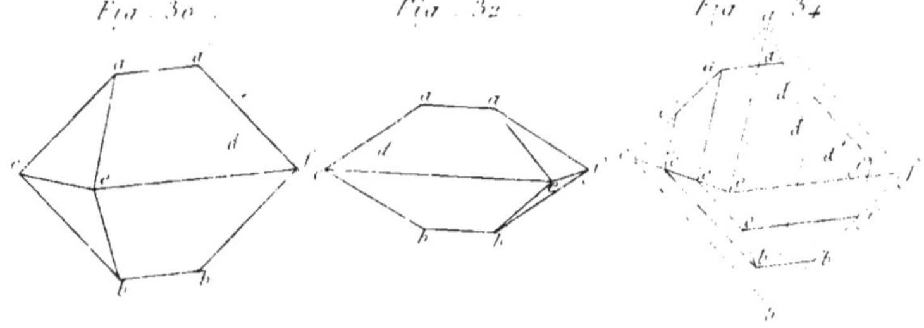

Fig. 31.

Fig. 33.

Fig. 35.

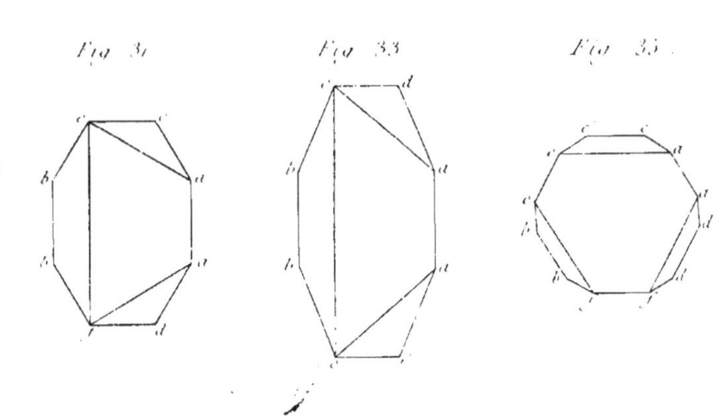

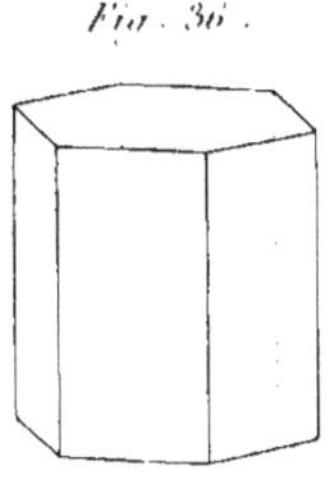

Fig . 36 .

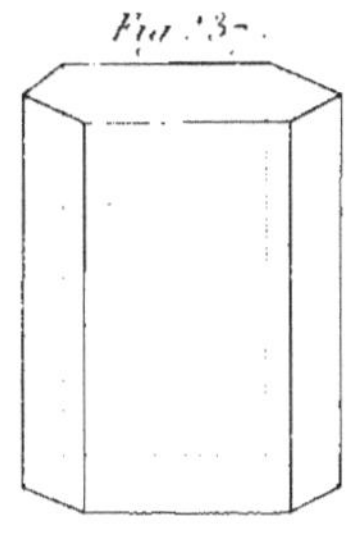

Fig . 37 .

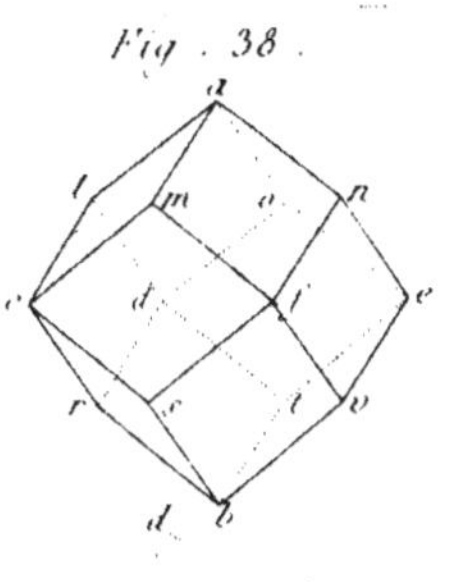

Fig . 38 .

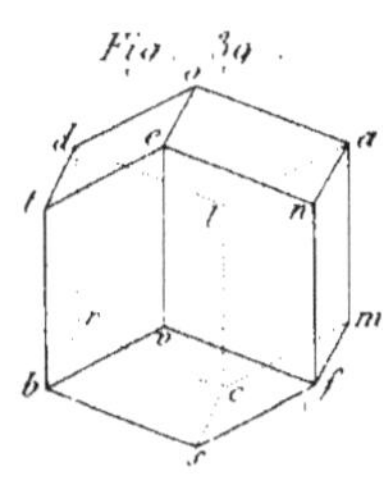

Fig . 39 .

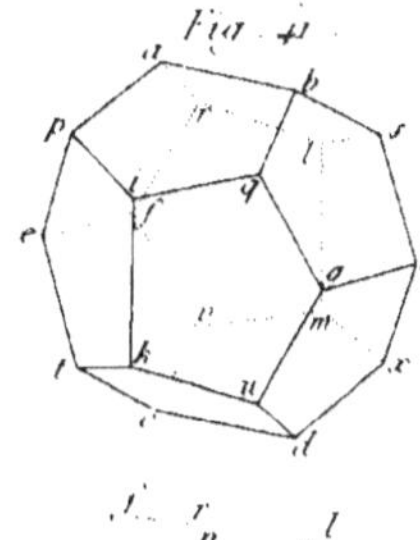

Fig . 41 .

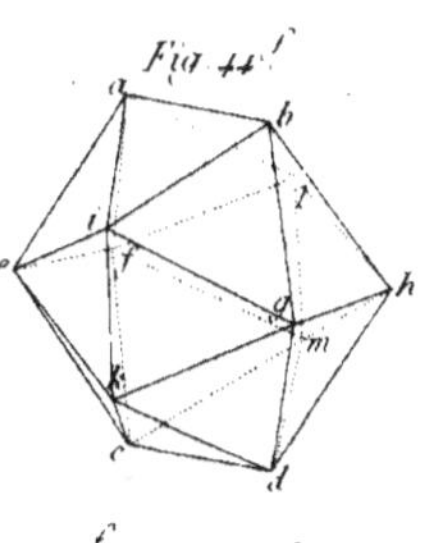

Fig . 44 .

Fig . 40 .

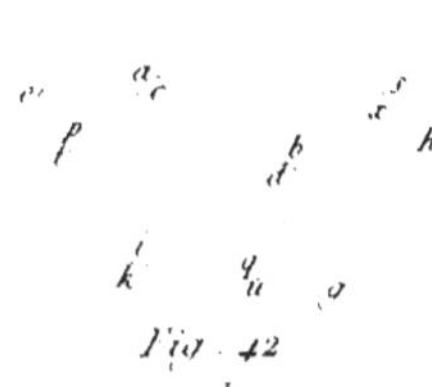

Fig . 42 .

Fig . 43 .

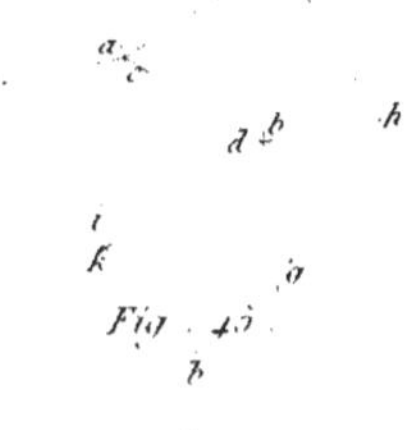

Fig . 45 .

Fig . 46 .

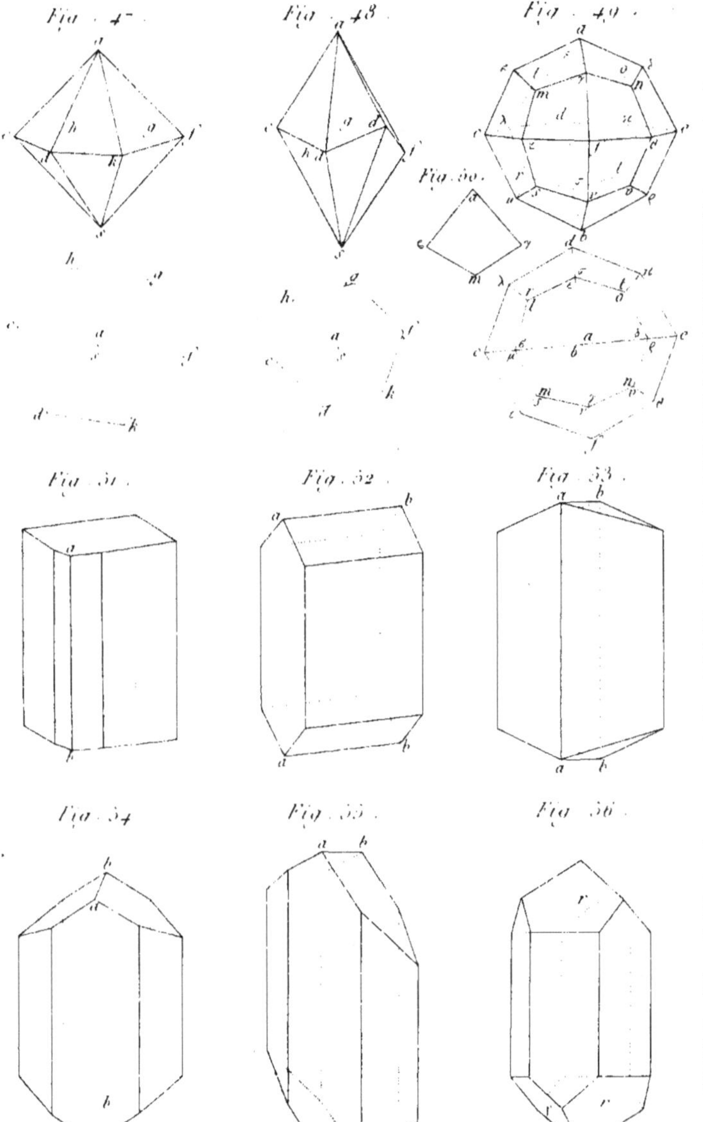

Fig. 47. Fig. 48. Fig. 49.

Fig. 50.

Fig. 51. Fig. 52. Fig. 53.

Fig. 54. Fig. 55. Fig. 56.

Fig . 57 .

Fig . 58 .

Fig . 59 .

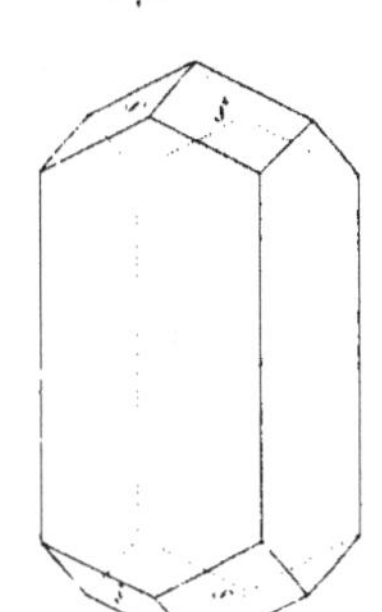

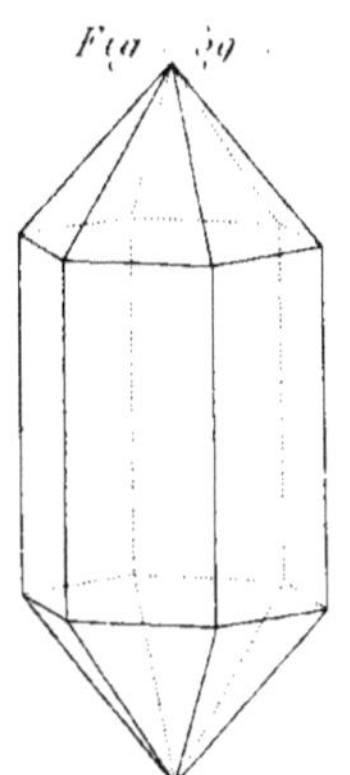

Fig . 60 .

Fig . 61 .

Fig . 62 .

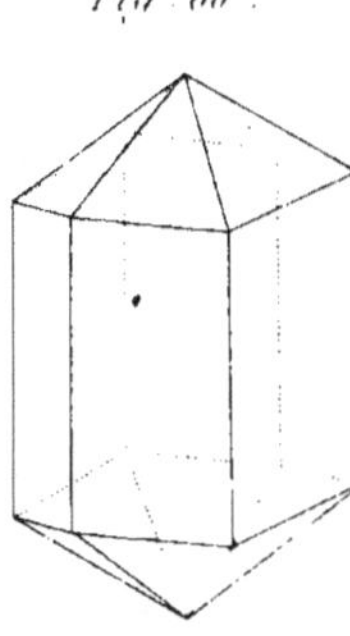

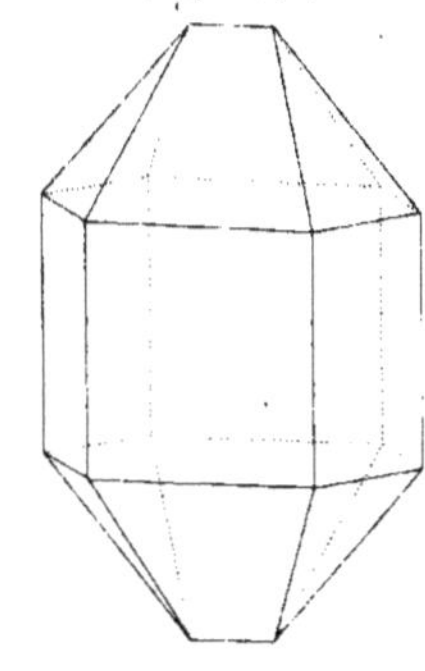

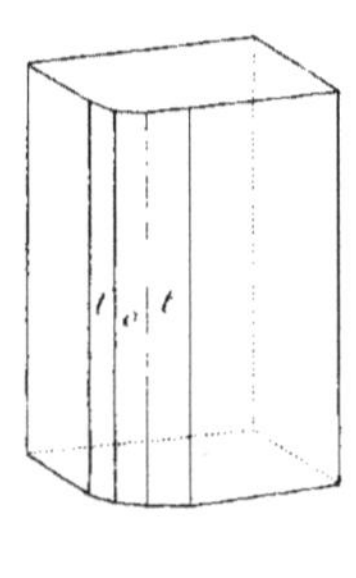

Fig . 63 .

Fig . 64 .

Fig . 65 .

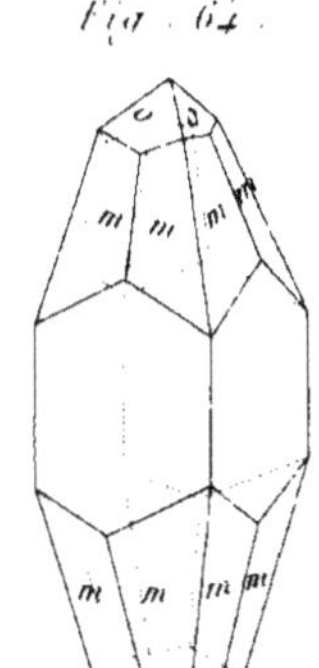

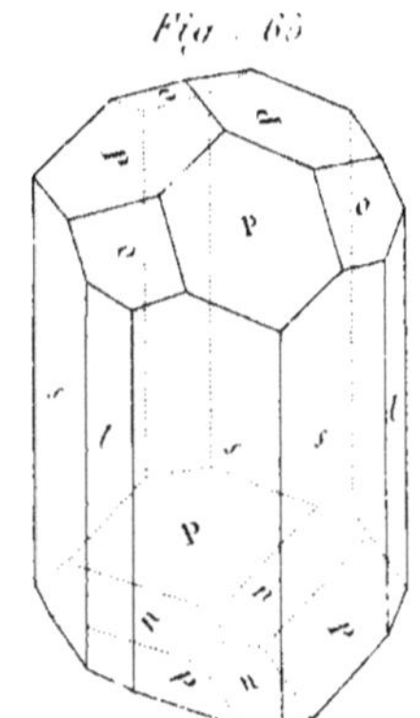

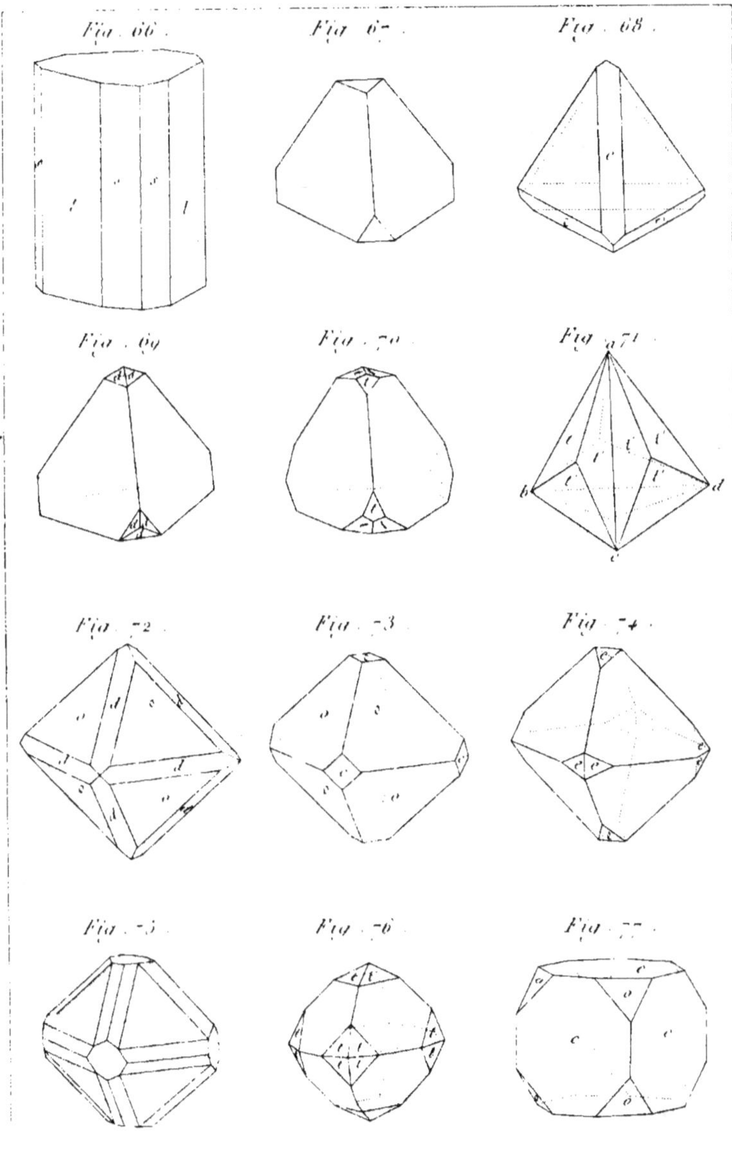

Fig . 66 .
Fig . 67 .
Fig . 68 .
Fig . 69 .
Fig . 70 .
Fig . 71 .
Fig . 72 .
Fig . 73 .
Fig . 74 .
Fig . 75 .
Fig . 76 .
Fig . 77 .

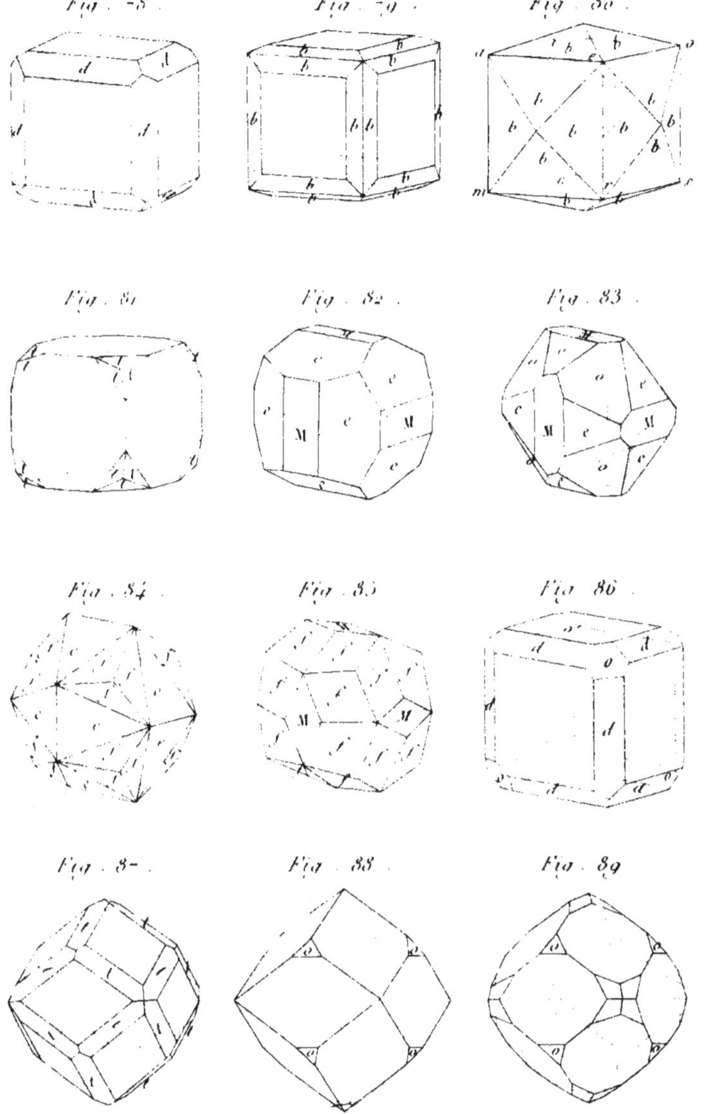

Fig. 78 .
Fig. 79 .
Fig. 80 .
Fig. 81 .
Fig. 82 .
Fig. 83 .
Fig. 84 .
Fig. 85 .
Fig. 86 .
Fig. 87 .
Fig. 88 .
Fig. 89 .

Fig. 90 .

Fig. 91 .

Fig. 92 .
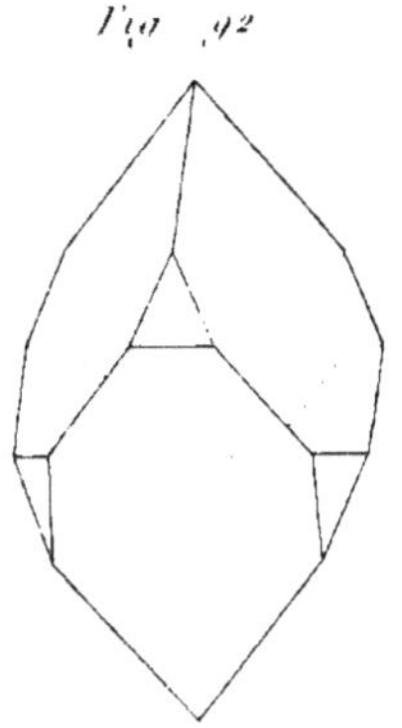

Fig. 93 .

Fig. 94 .
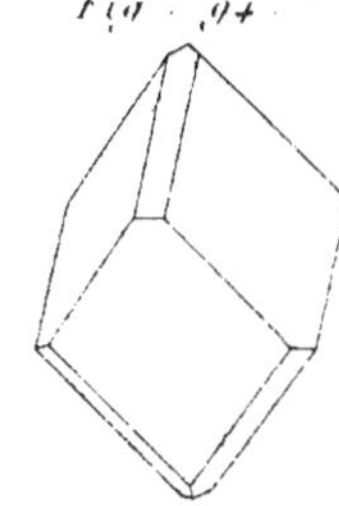

Fig. 95 .
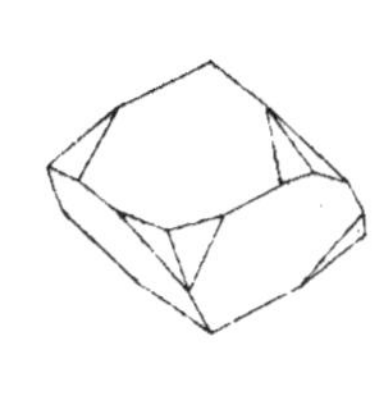

Fig. 96 .
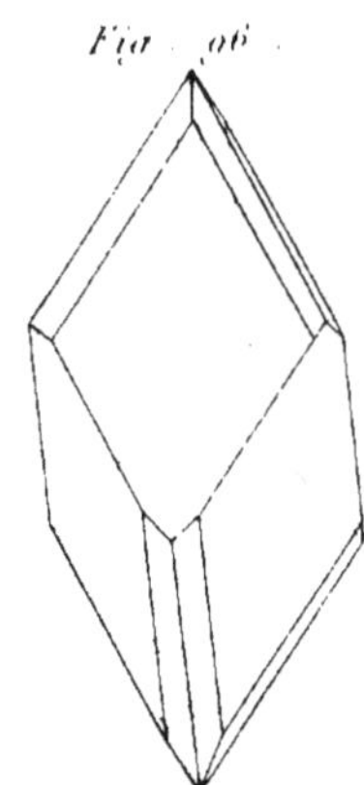

Fig. 97 .
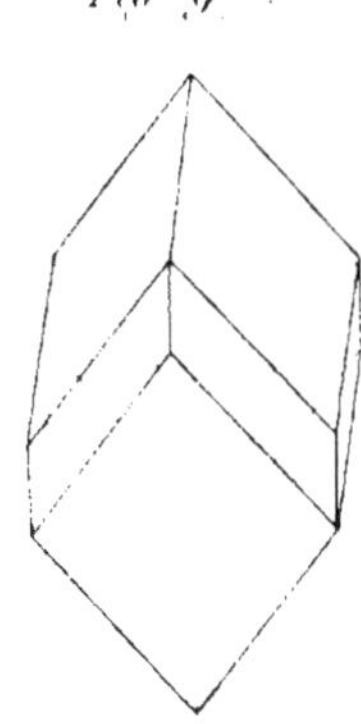

Fig. 98 .
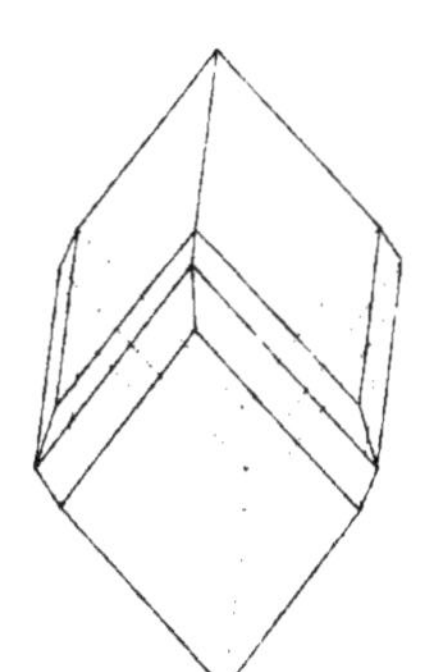

Fig . 99 .

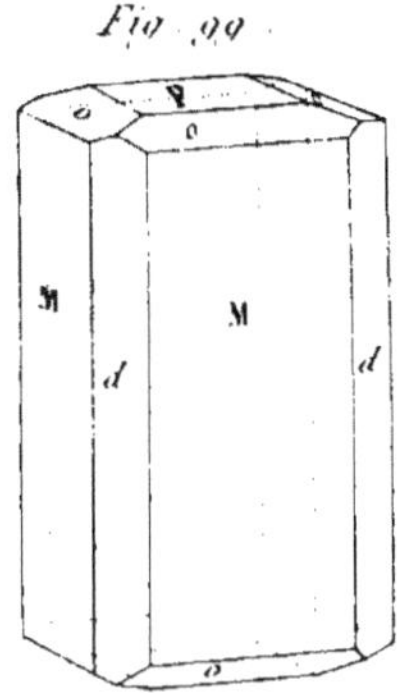

Fig . 100 .

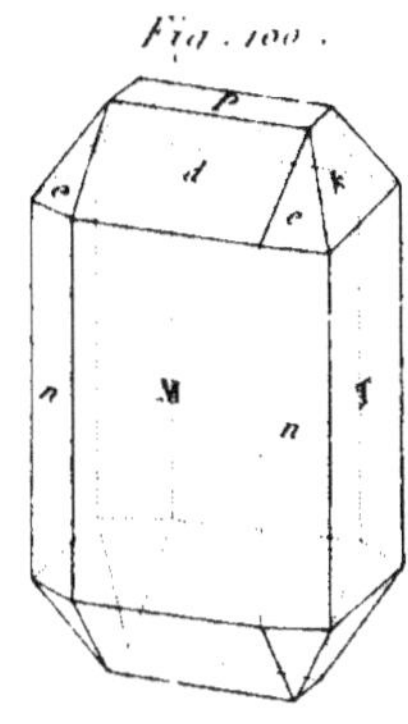

Fig . 101 .

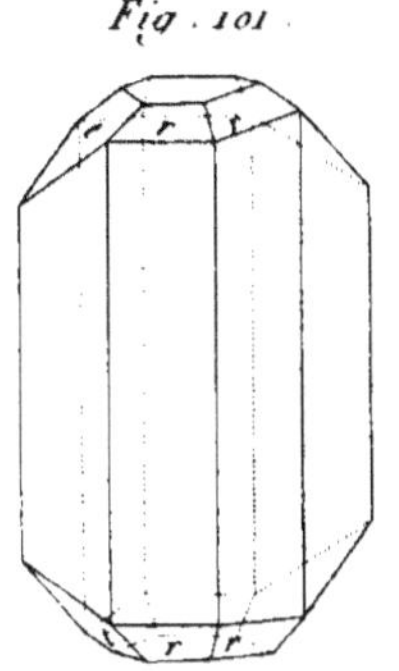

Fig . 102 .

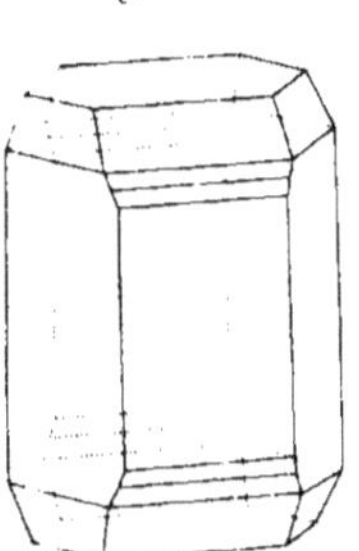

Fig . 103 .

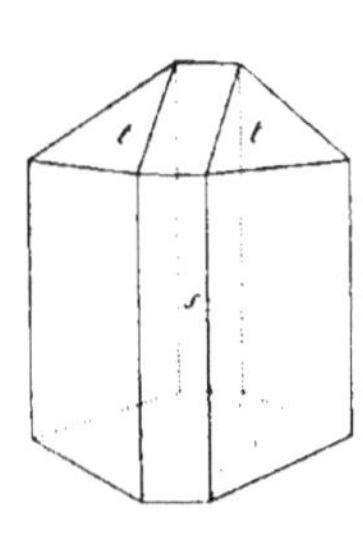

Fig . 104 .

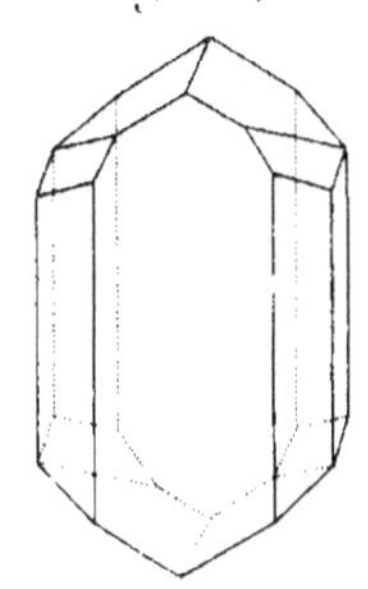

Fig . 105 .

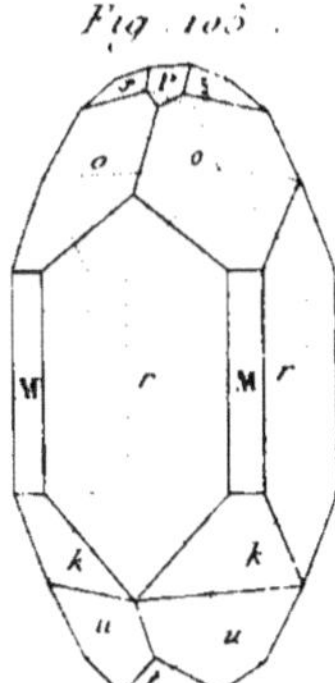

Fig . 106 .

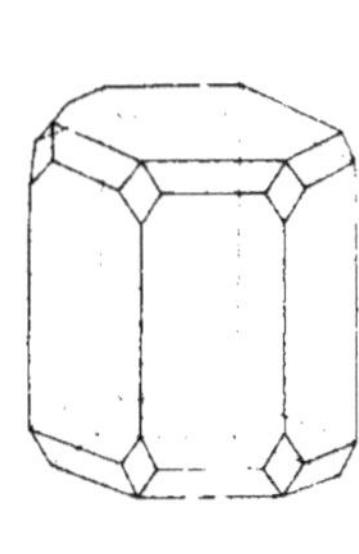

Fig . 107 .

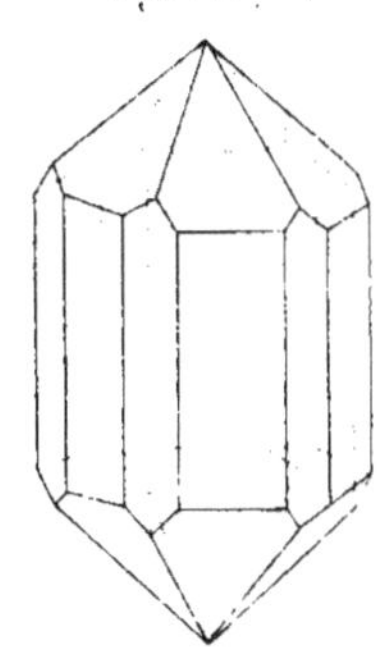

Fig . 108 .

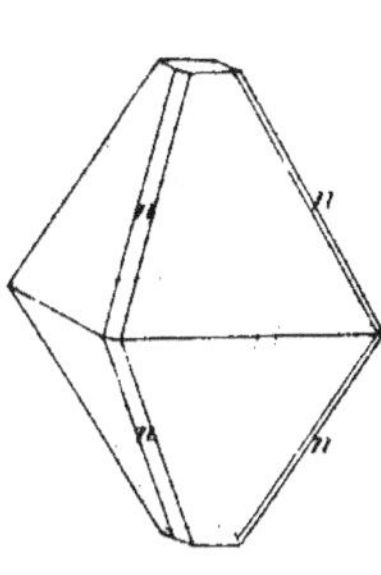

Fig . 109 .

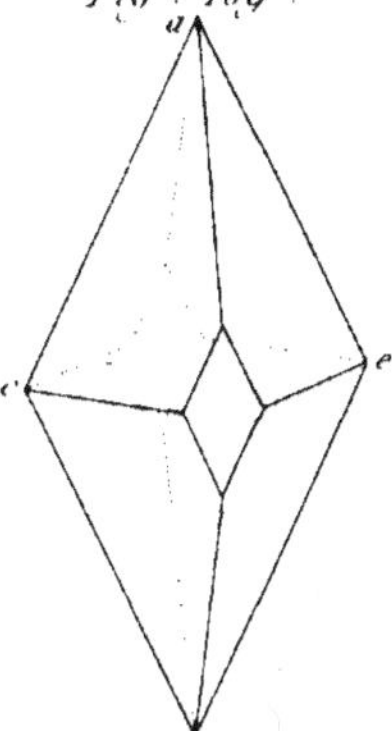

Fig . 110 .

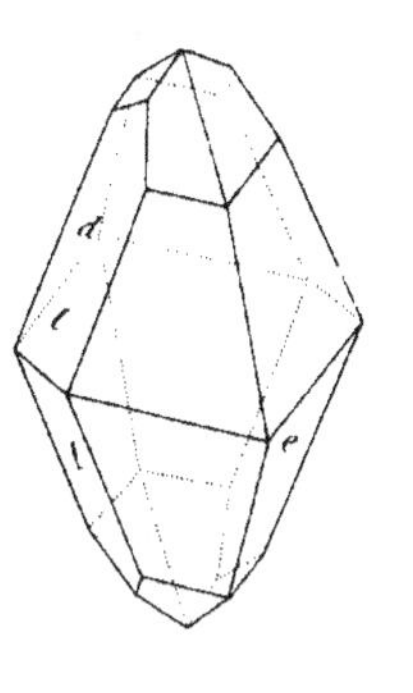

Fig . 111 .

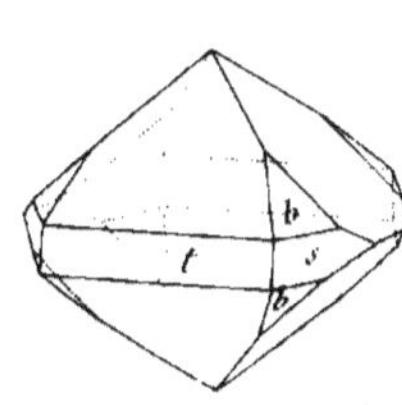

Fig . 112 .

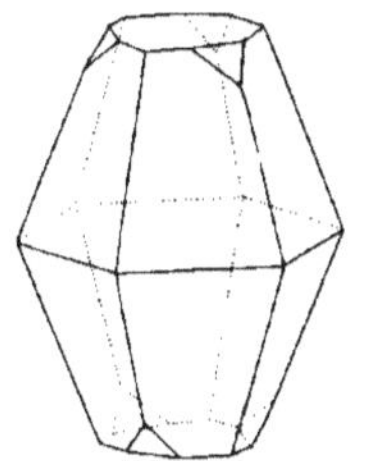

Fig . 113 .

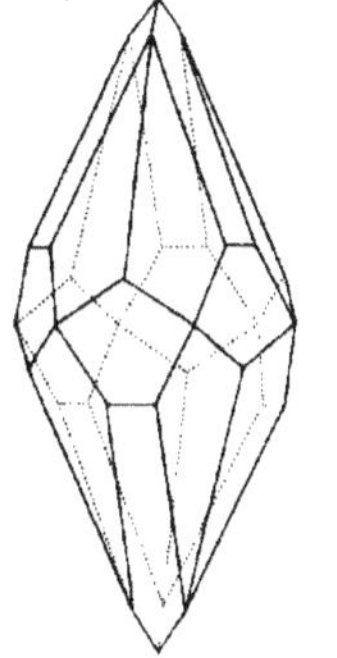

Fig . 114 .

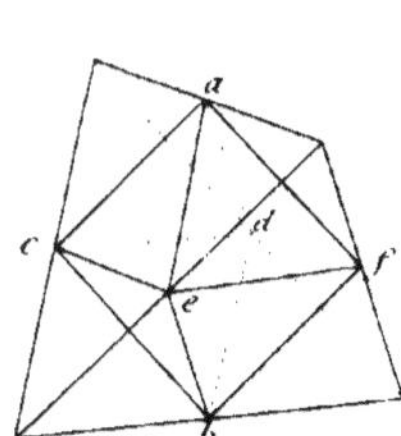

Fig . 115 .

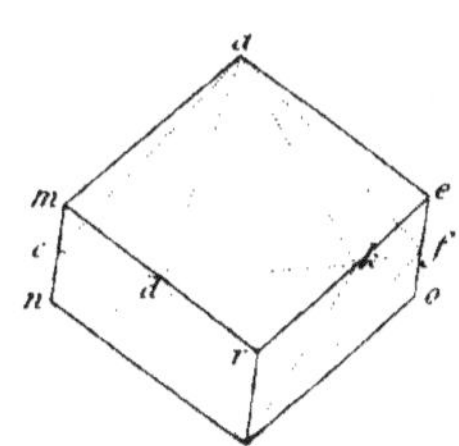

Fig . 116 .

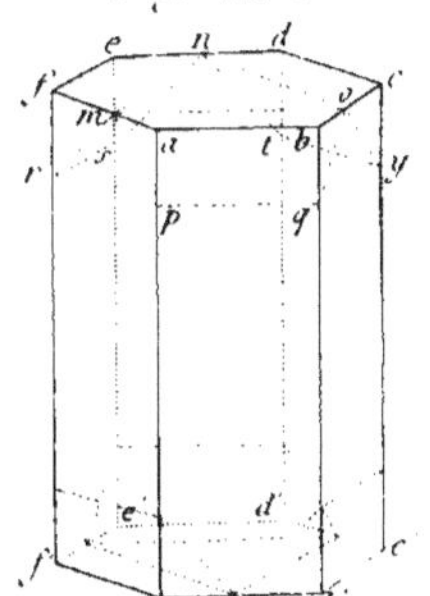

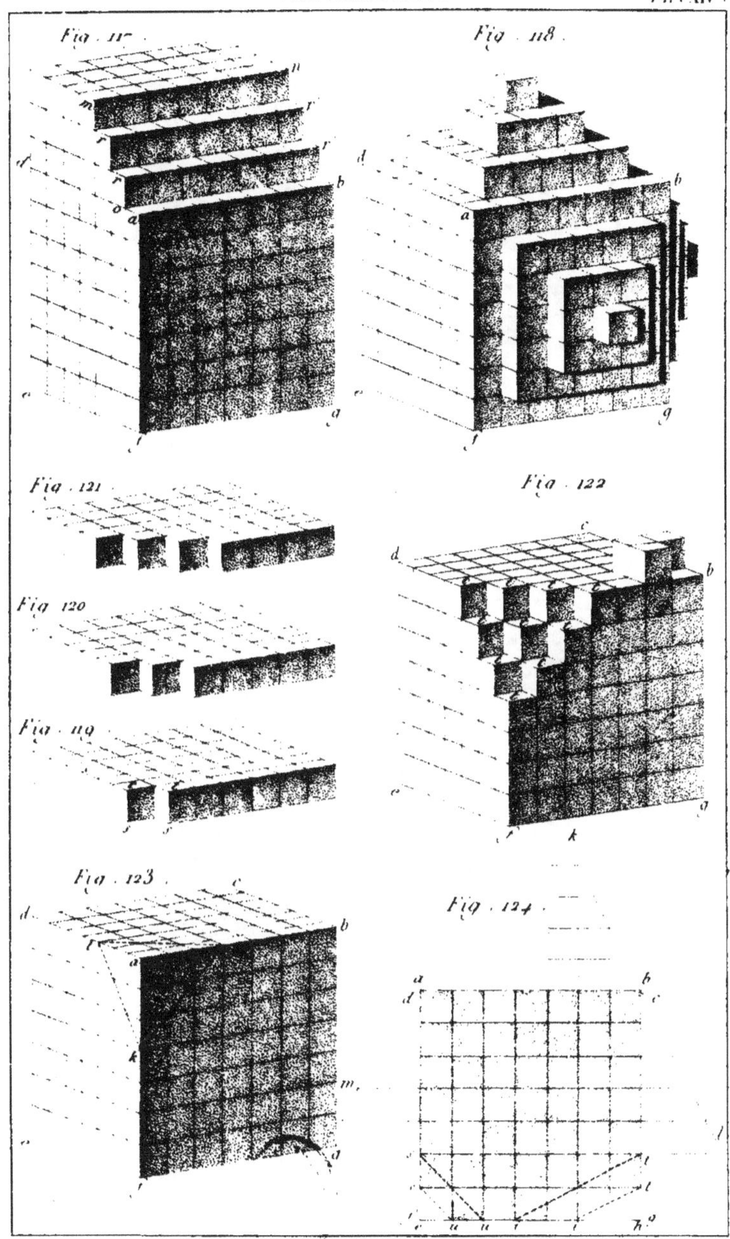
Fig . 117
Fig . 118
Fig . 121
Fig . 122
Fig . 120
Fig . 119
Fig . 123
Fig . 124

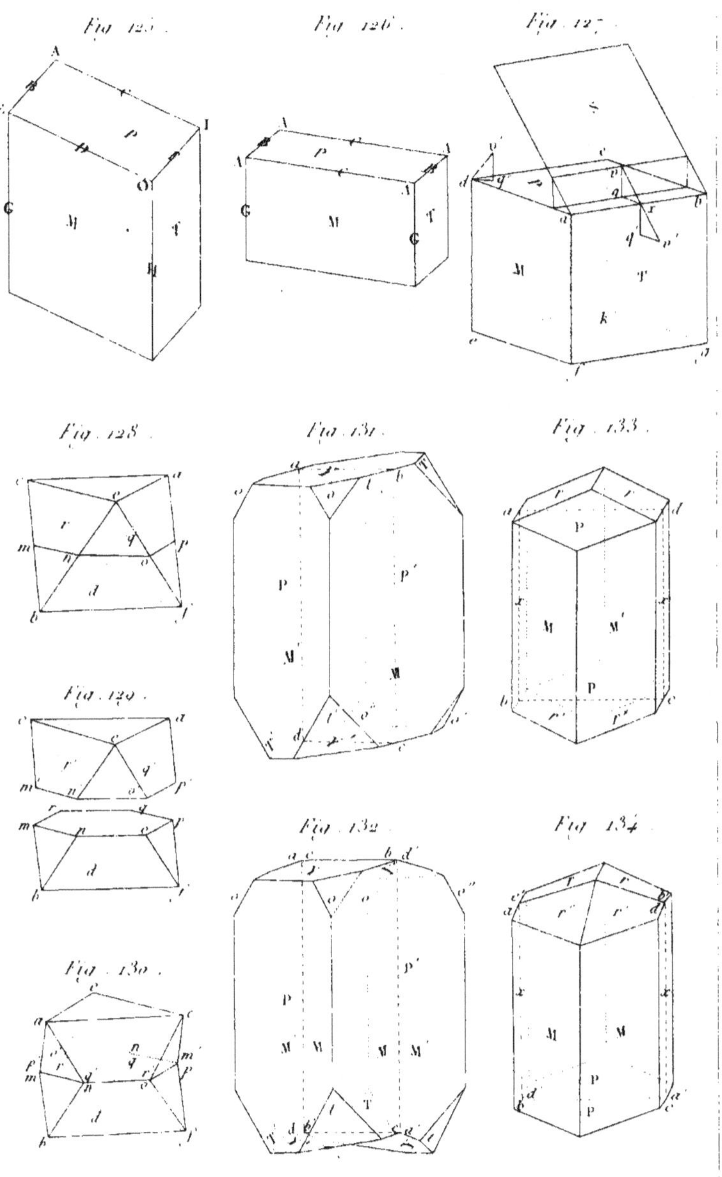

Fig. 125.
Fig. 126.
Fig. 127.
Fig. 128.
Fig. 131.
Fig. 133.
Fig. 129.
Fig. 132.
Fig. 134.
Fig. 130.

Fig. 135.

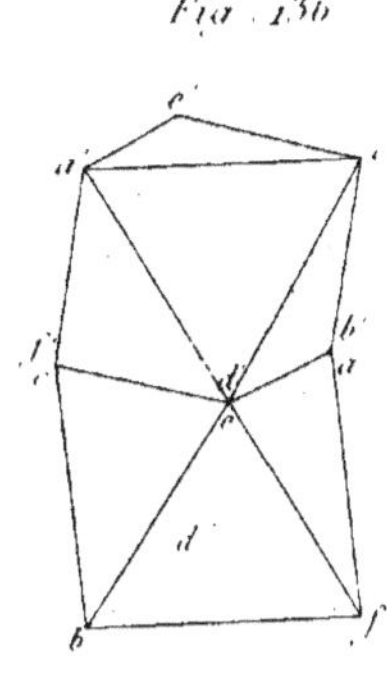

Fig. 136.

Fig. 137.

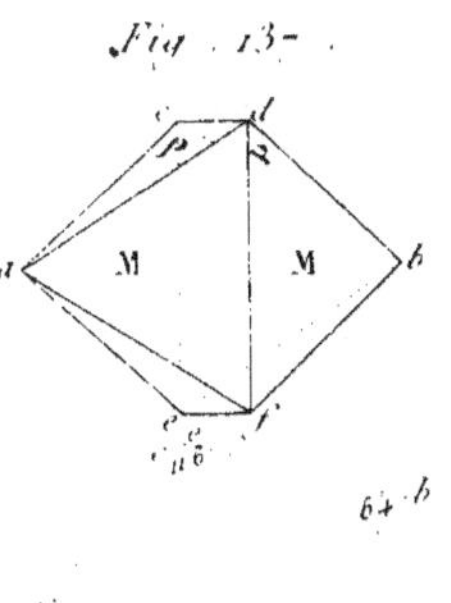

Fig. 138.

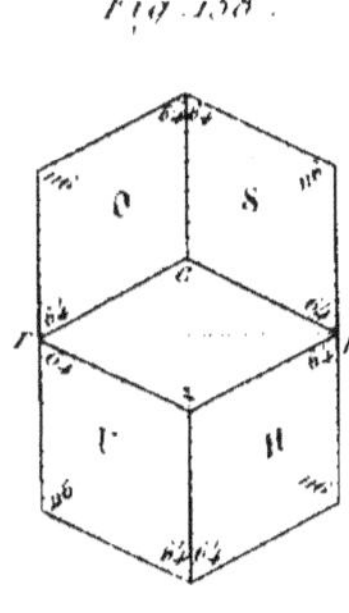

Fig. 139.

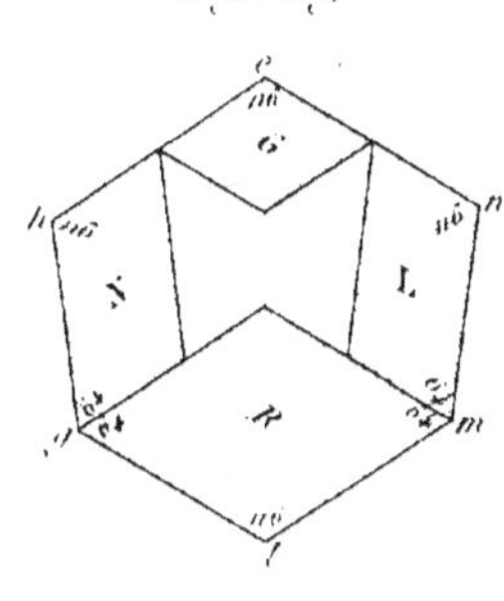

Fig. 140.

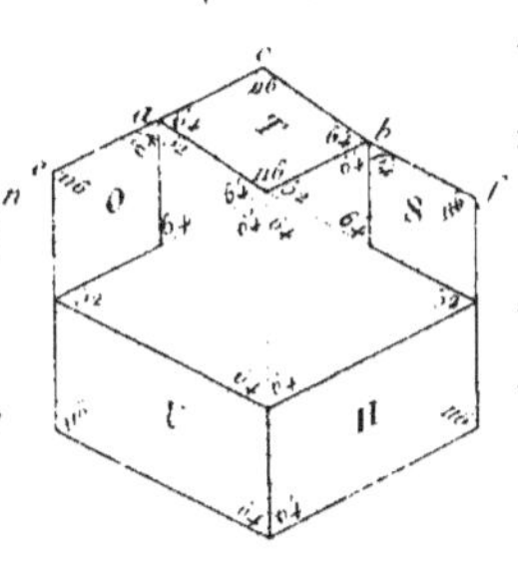

Fig. 141.

Fig. 142.

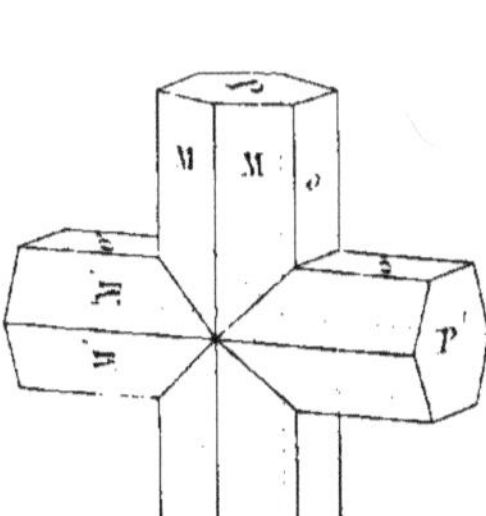

Fig. 143.

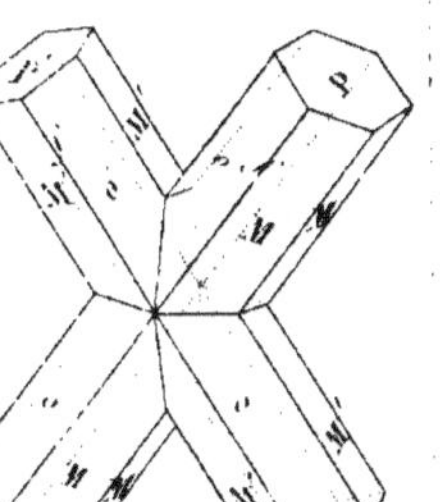

MINÉRALOGIE

SILEX. *Théorie des Agates.* Pl. I.

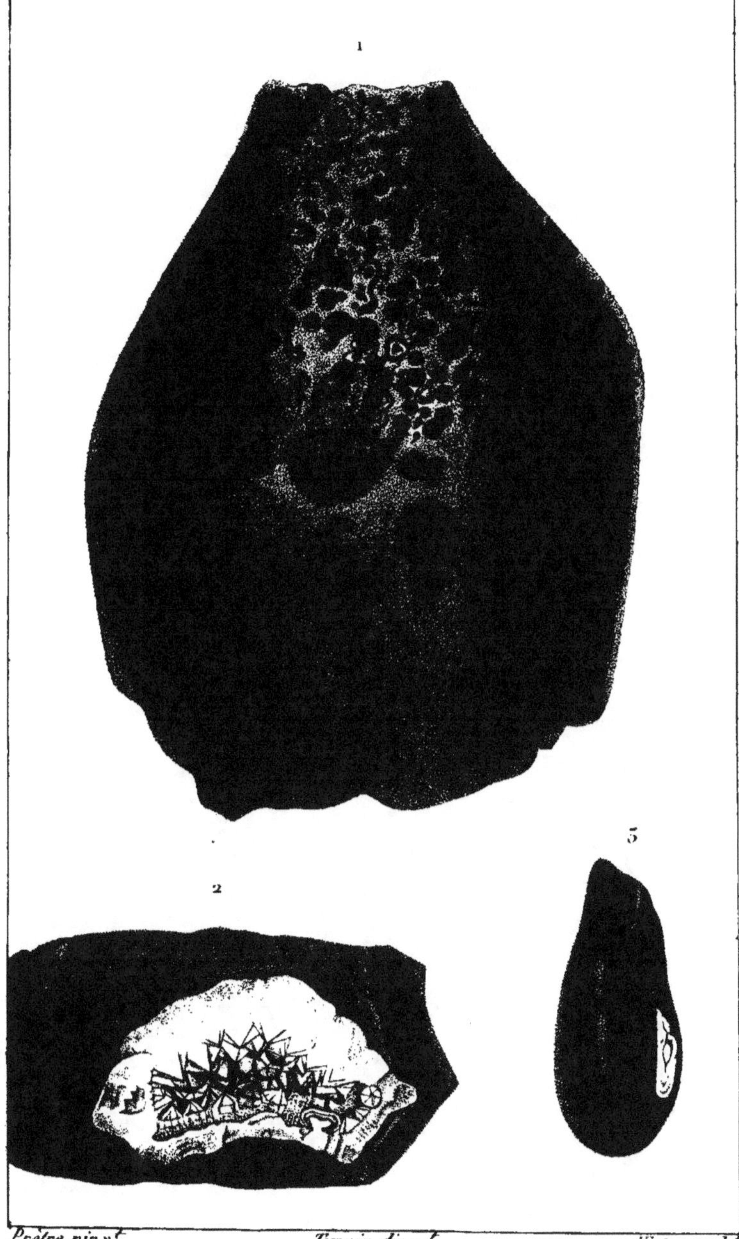

1. *Nodule ovoïde d'Agate, avec Orbicules siliceux.*

2. APHANITE *avec géode d'Agate.*

3. *Nodule amygdalaire d'Agate.*

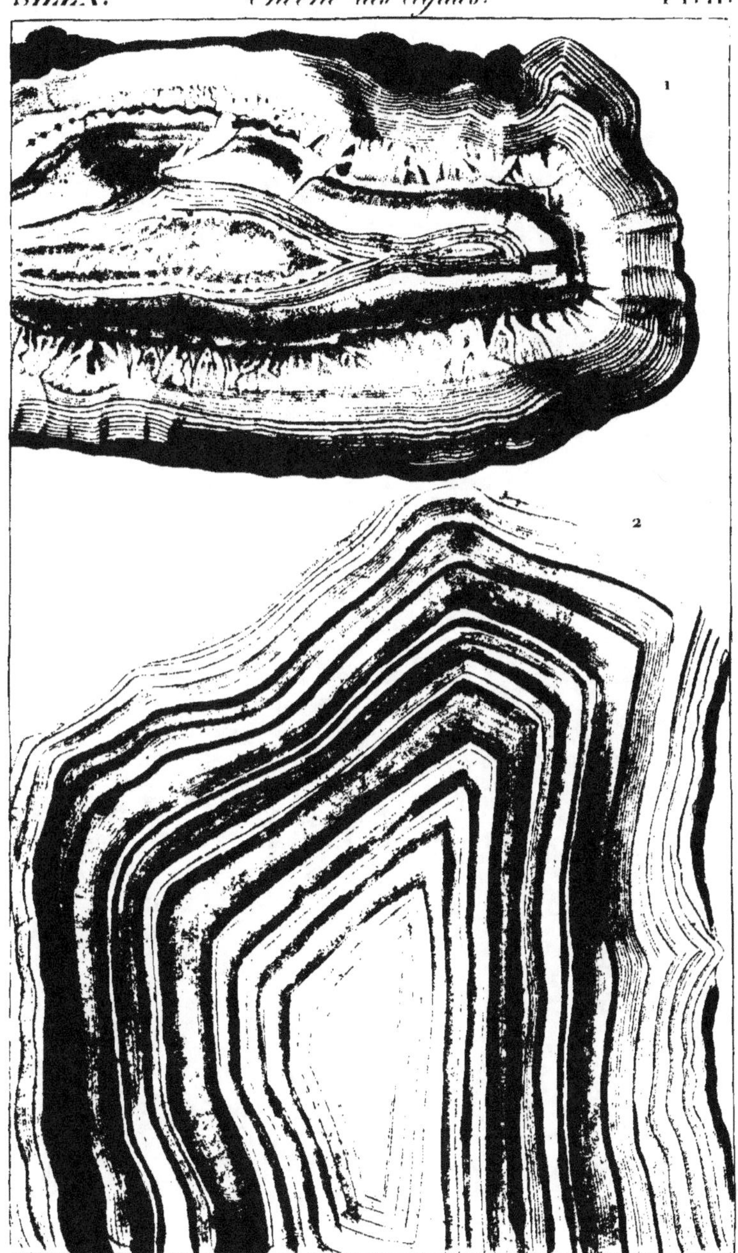

1. AGATE onix, avec son écorce.
2. AGATE onix, à zones innombrables.

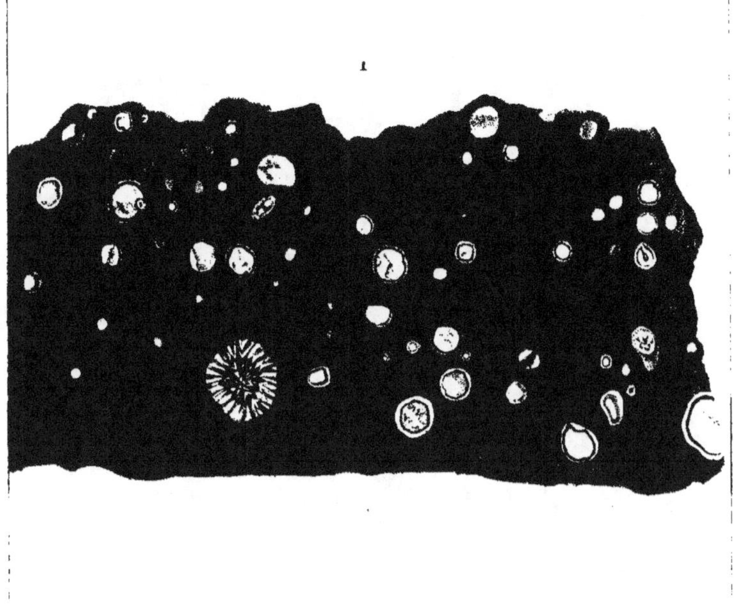

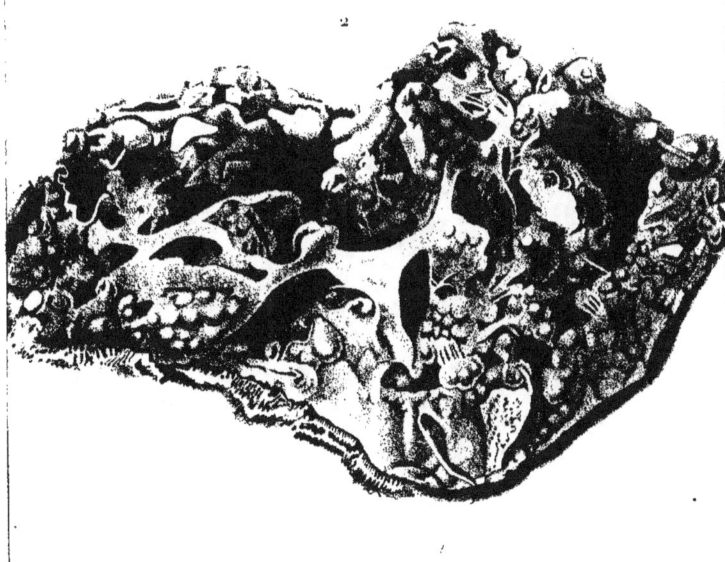

1. **APHANITE** *avec nodules pisaires d'Agate.*

2. **SILEX** *calcédonieux mamelonné, avec calcédoine étendue comme une membrane sur les sommets des mamelons*

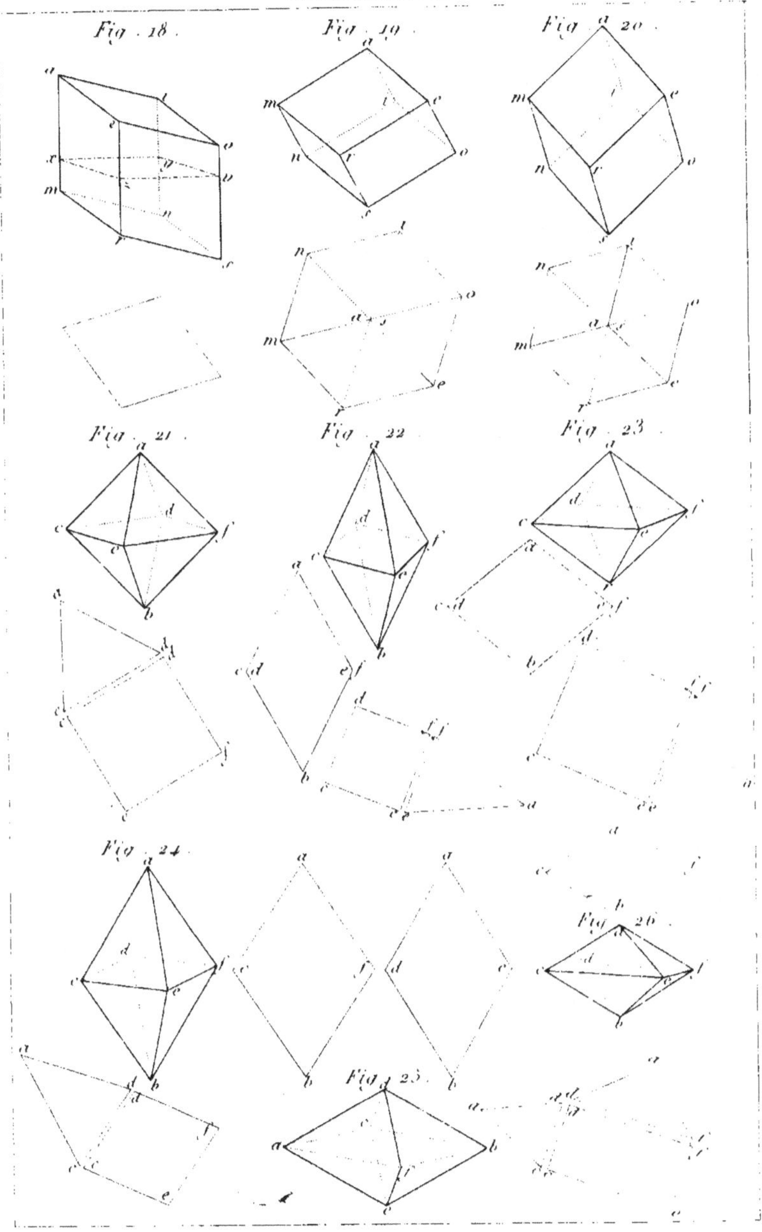
Fig . 18 .
Fig . 19 .
Fig . 20 .
Fig . 21 .
Fig . 22 .
Fig . 23 .
Fig . 24 .
Fig . 25 .
Fig . 26 .

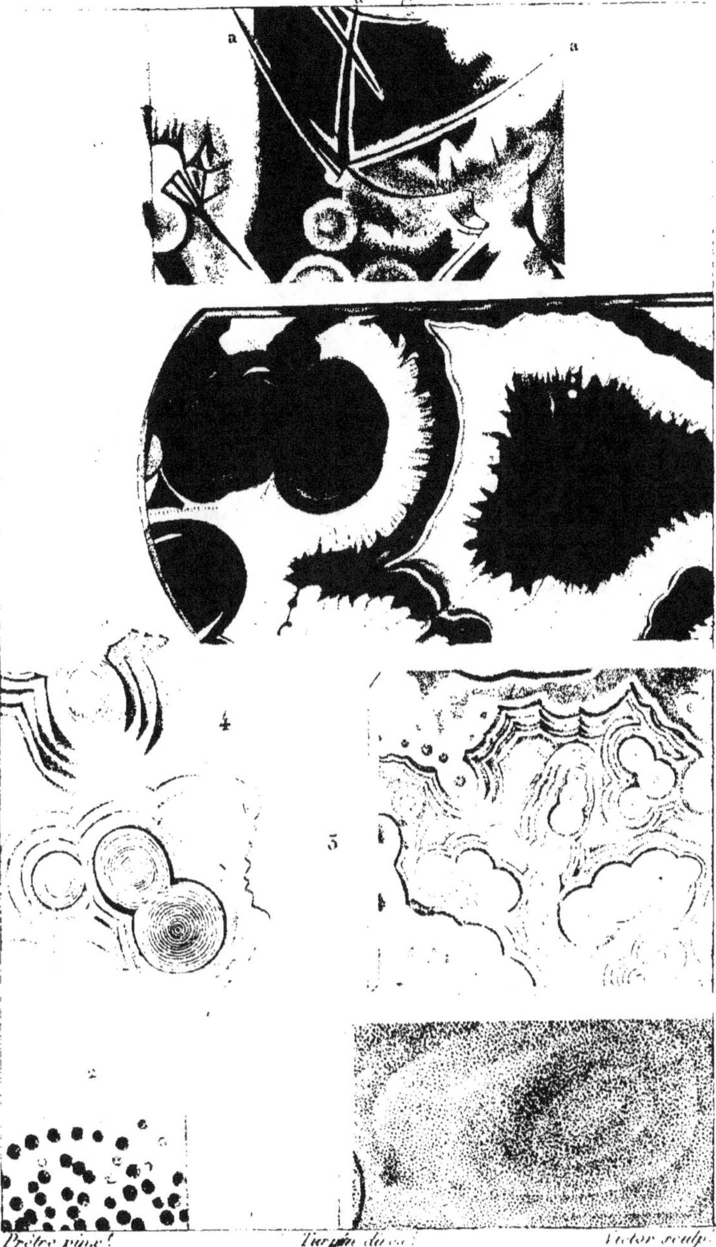

1. AGATE ponctuée.
2. AGATE tachée.
3. AGATE œillée
4. AGATE œillée.
5. AGATE œillée.
6. ... disposit. partie des couleurs.

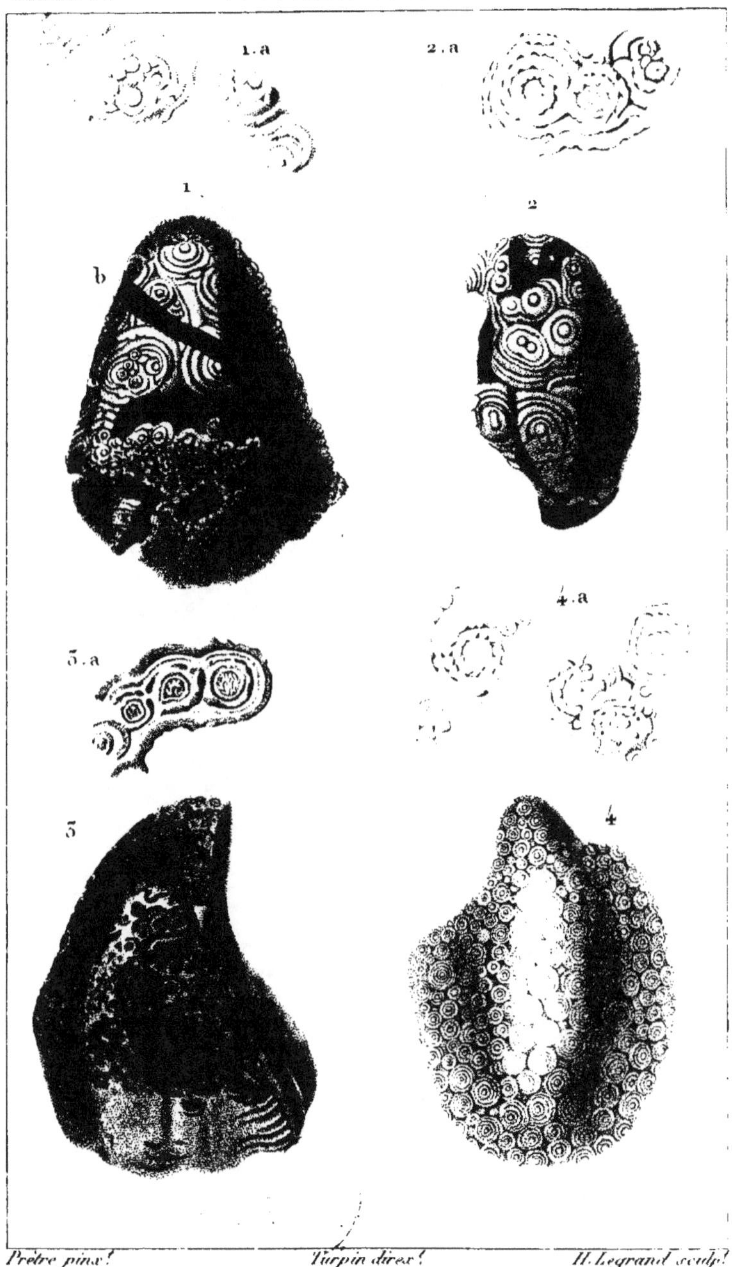

Prêtre pinx. *Turpin direx.* *H. Legrand sculp.*

1 et 2. GRYPHEA arcuata. 1-a et 2-a. *Orbicules siliceux.*

3 et 3-a. GRYPHEA *et Orbicules siliceux.*

4 et 4-a. GRYPHEA columba *et Orbicules siliceux.*

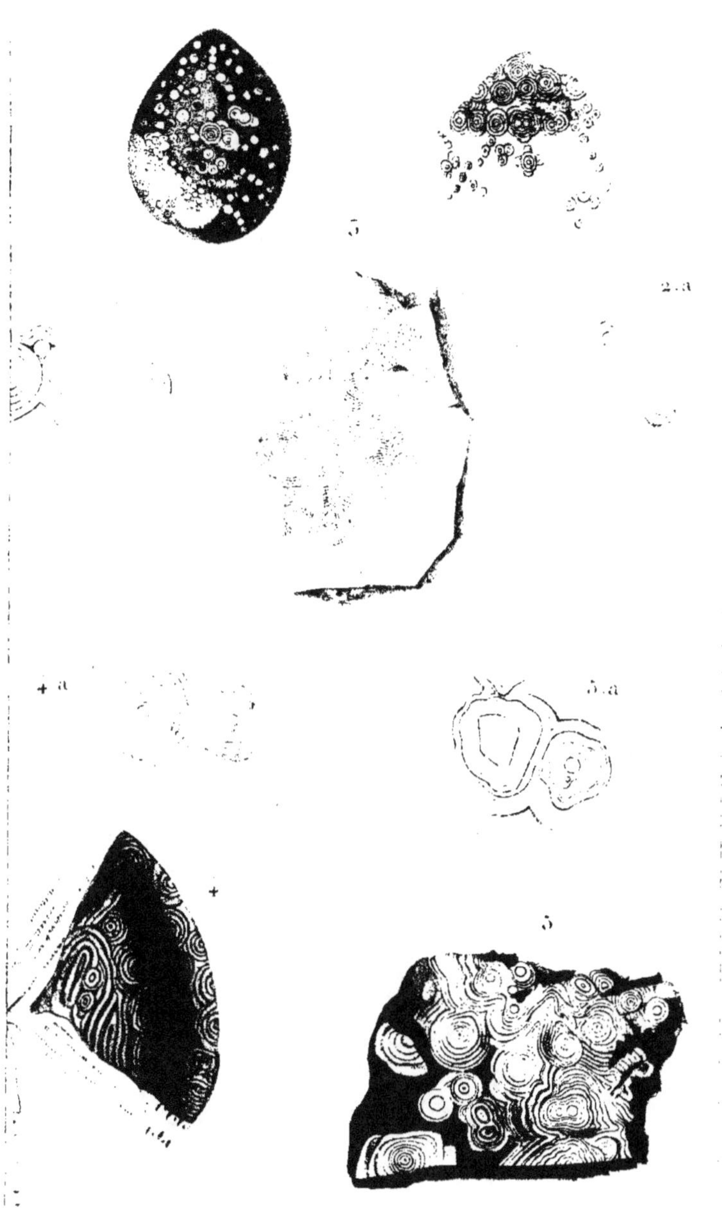

Prêtre pinx.t   Turpin direx.t   [illegible] sc.t

1 et 1-a, 2 et 2-a. TÉRÉBRATULES et Orbicules siliceux.
3. PECTEN et Orbicules siliceux.
4 et 4-a. SPATANGUE et Orbicules siliceux.
5 et 5-a. SILEX AGATE commun et Orbicules siliceux.